BEI GRIN MACHT SICH IHR WISSEN BEZAHLT

- Wir veröffentlichen Ihre Hausarbeit,
  Bachelor- und Masterarbeit

- Ihr eigenes eBook und Buch -
  weltweit in allen wichtigen Shops

- Verdienen Sie an jedem Verkauf

Jetzt bei www.GRIN.com hochladen
und kostenlos publizieren

Anne Graefen, Nadine Kilka, Sabine Müller

Vegetarische Kostformen und Außenseiterkostformen

Vegetarismus, Trennkost und Ayurveda

GRIN Verlag

Bibliografische Information der Deutschen Nationalbibliothek:

Die Deutsche Bibliothek verzeichnet diese Publikation in der Deutschen National-
bibliografie; detaillierte bibliografische Daten sind im Internet über http://dnb.d-
nb.de/ abrufbar.

Dieses Werk sowie alle darin enthaltenen einzelnen Beiträge und Abbildungen
sind urheberrechtlich geschützt. Jede Verwertung, die nicht ausdrücklich vom
Urheberrechtsschutz zugelassen ist, bedarf der vorherigen Zustimmung des Verla-
ges. Das gilt insbesondere für Vervielfältigungen, Bearbeitungen, Übersetzungen,
Mikroverfilmungen, Auswertungen durch Datenbanken und für die Einspeicherung
und Verarbeitung in elektronische Systeme. Alle Rechte, auch die des auszugsweisen
Nachdrucks, der fotomechanischen Wiedergabe (einschließlich Mikrokopie) sowie
der Auswertung durch Datenbanken oder ähnliche Einrichtungen, vorbehalten.

Impressum:

Copyright © 2003 GRIN Verlag GmbH
Druck und Bindung: Books on Demand GmbH, Norderstedt Germany
ISBN: 978-3-656-71327-2

Dieses Buch bei GRIN:

http://www.grin.com/de/e-book/278408/vegetarische-kostformen-und-aussenseiter-
kostformen

GRIN - Your knowledge has value

Der GRIN Verlag publiziert seit 1998 wissenschaftliche Arbeiten von Studenten, Hochschullehrern und anderen Akademikern als eBook und gedrucktes Buch. Die Verlagswebsite www.grin.com ist die ideale Plattform zur Veröffentlichung von Hausarbeiten, Abschlussarbeiten, wissenschaftlichen Aufsätzen, Dissertationen und Fachbüchern.

Besuchen Sie uns im Internet:

http://www.grin.com/

http://www.facebook.com/grincom

http://www.twitter.com/grin_com

Vegetarische Kostformen und Außenseiterkostformen

Beispiele: Vegetarismus (von Nadine Kilka),

Trennkost (von Sabine Müller) und

Ayurveda (von Anne Graefen)

Vorgelegt von:
Sabine Müller   Nadine Kilka   Anne Graefen

Inhaltsverzeichnis:

1. Vegetarische Kostformen

1.1. Allgemeine Informationen

Als Begründer und Namensgeber des Vegetarismus gilt der Griechische Philosoph Pythagoras. Er vertrat die Ansichten, dass die Menschen, solange sie Tiere abschlachten um sie zu essen, sich auch gegenseitig töten und bekriegen würden und „wer mordet und Schmerzen zufügt, kann keine Liebe und Freude ernten". Der Ursprung des Wortes Vegetarismus geht auf das lateinische Wort „vegetare = beleben" zurück.

Die Hinwendung zur vegetarischen Ernährung verläuft meist Schrittweise. Ausschlaggebend sind unter anderem, der Wunsch nach gesünderer Ernährung, artgerechter Tierhaltung und schonendem Umgang mit natürlichen Ressourcen.

1.2. Verschiedene Formen

Verschiedene Formen	*Ernährungsphysiologische Bewertung*
Ovo- Lakto- Vegetatier Basis: pflanzliche Lebensmittel angereichert mit Ei (Ovo) und Milch und Milchprodukten (Lakto). Auf Fleisch, Fisch Meeresfrüchte und daraus hergestellte Produkte wie Schmalz und Fleischbrühe wird verzichtet.	Enthält reichlich Kohlenhydrate und Ballaststoffe Arm an Purienen, Cholesterin und tierischen Fetten Geringere Aufnahme von Vitamin B12 und Eisen sind bei ausgewogener Nährstoffzusammensetzung unbedenklich. Eine bessere Eisenaufnahme aus pflanzlichen Lebensmitteln wird durch gleichzeitige Vitamin C Zufuhr begünstigt. Jodiertes Speisesalz hilft den Jodbedarf zu decken.
Pisco- Vegetarier Eine Variante der Ovo-Lakto- Vegetabilen Kost und schließt Fisch und Fischwaren zu den erlaubten Nahrungsmitteln ein.	Leichter zu deckende Jodversorgung
Lakto- Vegetarier Pflanzliche Lebensmittel und Milch und Milchprodukte stehen auf dem Speiseplan. Auf Eier wird verzichtet.	Für eine ausreichende Zufuhr an hochwertigem Eiweiß, müssen Milch und pflanzliche Eiweiße sorgfältig kombiniert werden.
Ovo- Vegetarier Milch und Milchprodukte werden gemieden, Eier sind erlaubt.	Ausreichende Kalziumzufuhr nicht unbedingt gewährleistet. Pflanzliche Produkte mit hohem Kalziumgehalt oder Präparate werde benötigt.

Veganer	
Lehnen alle tierischen Produkte ab. Schließt meist auch die Ablehnung von Gebrauchs- stoffen und Textilien aus tierischen Grundstoffen ein.	Eisen, Kalzium, Jod, Eiweiß und Vitamin B12 können bei dieser Kostform zu kurz kommen. Sorgfältige Nährstoffzusammensetzungen und ein umfangreiches Ernährungswissen sind vorausgesetzt, damit es nicht zu Mangel- erscheinungen kommt.

Früher galt Vegetarismus unter Ernährungswissenschaftlern als eine Form der Mangelernährung. Positive Auswirkungen dieser Kostform wurden als Resultat der allgemein gesünderen Lebensweise (ausreichende Bewegung, Verzicht auf Alkohol und Nikotin) von Vegetariern angesehen. Neuere Untersuchungen zeigen uns heute jedoch auf, dass der bessere Gesundheitszustand durchaus auch der Ernährung zuzuschreiben ist. Um diesen positiven Effekt zu erreichen, müssen sich Vegetarier jedoch viel intensiver mit der Zusammenstellung ihrer täglichen Nährstoffe befassen.

1.3. Vergleich der Zusammensetzungen von vegetarischer und normaler Kost

Bei einer vegetarischen Kost ist die Aufnahme von Kohlenhydraten im allgemeinen höher als bei einer normalen Kost.
Dabei steigt vor allem die Zufuhr an höherwertigen Mehrfachzuckern (z. B. Stärke) im Vergleich zu Einfachzuckern (z. B. Haushaltszuckern).
Der vermehrte Verzehr von Getreideprodukten, Früchten und Gemüse führt gleichzeitig zu einer Erhöhung der Ballaststoffzufuhr. Jedoch wird mit gesteigertem Konsum von Gemüse auch die Aufnahme bestimmter Substanzen erhöht, wie z.B. Phytinsäure oder Oxalsäure, die das Aufnahmevermögen von Mineralien verschlechtern können.

Die Zusammensetzung der **Fette** zeigt bei gleichzeitig reduzierter Gesamtfettaufnahme einen höheren Anteil von mehrfach ungesättigten Fettsäuren und einen verhältnismäßig geringeren Anteil von gesättigten und einfach ungesättigten Fettsäuren auf.

In pflanzlichen Produkten wie Getreide, Hülsenfrüchten, Nüssen und grünen Gemüsesorten sind die lebensnotwendigen **essentiellen Aminosäuren** anteilsmäßig geringer vorhanden als in Nahrungsmitteln tierischer Herkunft. Diese weisen eine günstigere Aminosäurezusammensetzung und damit eine höhere biologische Wertigkeit auf, da der Anteil der essentiellen Aminosäuren entsprechend erhöht ist.
Jedoch wird der Bedarf dieser Aminosäuren durch vegetarische Kost in den meisten Fällen gedeckt, z. T. überschritten und ist von daher in der Regel als unproblematisch anzusehen. Vorraussetzung für eine bedarfsgerechte Ernährung ist vor allem eine richtige Zusammenstellung der Kost und damit auch eine entsprechende Versorgung mit essentiellen Aminosäuren.

Ovo-Lacto-Vegetarier nehmen weniger, und Veganer nahezu kein **Cholesterin** mit der Nahrung auf.

Die vegetarische Kost ist vor allem reich an **Folsäure**, den **Vitaminen B1, C** und **E** sowie dem **Provitamin A (Beta-Carotin)**. Ein Vorteil einer solchen Kostform ist daher die höhere Aufnahme **antioxidativer Vitamine**.

Die Zufuhr durch die, hauptsächlich in tierischen Nahrungsmitteln enthaltenden, Vitamine D, B2 und B12 ist dagegen deutlich geringer. Hierbei muss insbesondere auf die ausreichende Zufuhr des Vitamin B12, geachtet werden.
Der Bedarf kann z. T. durch fermentierte Produkte wie Sauerkraut und andere milchsaure Produkte gedeckt werden. Um Vitaminmangelzuständen vorzubeugen, ist die zusätzliche Einnahme von Vitamin B12-Präparaten empfehlenswert.

Die Aufnahme von **Mineralstoffen und Spurenelementen** variiert bei Vegetariern:

Die verminderte Zufuhr von **Natrium und Chlor** (durch weitgehenden Verzicht auf Kochsalz und den geringen Gehalt von Natrium in pflanzlichen Nahrungsmitteln) und die verhältnismäßig höhere Aufnahme von **Kalium** (in Gemüse) hat in erster Linie einen positiven Einfluss auf Personen mit Bluthochdruck.
Aus der Berliner-Vegetarier-Studie (Rottka, 1988) geht hervor, dass die Blutdruckwerte der Vegetarier niedriger liegen als in der Gruppe der Nichtvegetarier. Dies ist allerdings auch auf ein Zusammenwirken mehrerer Faktoren (u.a. niedrigeres Körpergewicht) zurückzuführen.

Auch die Aufnahme von **Phosphor** ist bei einer vegetarischen Ernährungsweise geringer als bei einer Normalkost, was sich positiv auf die Calcium-Versorgung auswirkt.

Calcium ist vor allem in Nahrungsmitteln wie Milch und Käse in hohen Konzentrationen enthalten und steht bei entsprechender Kostform in ausreichender Menge zur Verfügung. Das Risiko einer Calcium-Unterversorgung besteht vor allem bei Kindern und Jugendlichen, sowie bei Veganern.

Die Zufuhr von **Magnesium** und **Zink** ähnelt der von Gemischtköstlern.

Die Deckung des **Eisen**bedarfs erweist sich als problematisch, da es sich bei den wichtigsten Eisenlieferanten um Produkte tierischen Ursprungs handelt (Kalbs- und Rindfleisch, Leber etc.).
Obwohl einige pflanzliche Lebensmittel z. T. hohe Eisenkonzentrationen aufweisen, ist pflanzliches Eisen (Nicht-Hämeisen) wegen seiner geringen Bioverfügbarkeit nur in unzureichender Menge für den Menschen aufschließbar. Hinzu kommt noch, dass bestimmte Inhaltsstoffe in pflanzlicher Kost eine hemmende Wirkung auf die Eisenaufnahme ausüben. Die gleichzeitige Gabe von Vitamin C kann die Eisenausnutzung um ein Vielfaches erhöhen.

Der Verzicht auf Fisch und Kuhmilch, erhöht das Risiko eines **Jod**mangels.

1.4. Ernährungsphysiologische Bewertung

Vegetarische und überwiegend pflanzliche Kostformen bieten bei Berücksichtigung bestimmter Regeln eine Reihe von gesundheitlichen Vorteilen:
Vegetarische Kost ist energiereduziert. Deshalb kann sie Übergewicht verhindern bzw. das Körpergewicht wieder normalisieren.
Störungen wie z. B. Bluthochdruck, Diabetes mellitus und Herz- und Kreislauferkrankungen als Folge von Übergewicht treten bei Vegetariern seltener auf, da Risikofaktoren wie ein erhöhter Cholesterinspiegel und verminderte HDL- Werte durch reduzierte Fett- und Cholesterinaufnahme ausgeschaltet oder vermindert werden.

Verstopfung und die damit verbundenen Risiken einer Folgeerkrankung (z. B. Darmkrebs, Hämorrhoiden) werden durch die ballaststoffreiche Kost vermindert.
Eine vegetarische Kostform leistet somit einen Beitrag zur Senkung der Sterblichkeitsrate bei Erwachsenen.

Bei unausgewogener Nahrungszusammenstellung besteht jedoch die Gefahr einer unzureichenden Bedarfsdeckung als Folge vegetarischer Kostformen. Diese ist besonders für Kinder, Schwangere und Stillende und Veganer von Bedeutung.

Mangelerscheinungen sind vermindertes Körpergewicht und körperliche Belastbarkeit, Calcium- und Vitamin-D-Mangel (durch unzureichenden Milchverzehr und mangelnden Aufenthalt im Freien) und damit ein Risiko für Osteoporose,
die Gefahr von Kropfbildung durch Jodmangel,
Zink- und Eisenmangel,
Mangel an Vitamin B12 (Anämien),
weniger immunaktive Zellen, Müdigkeit, Appetitlosigkeit ,
Mangel an Arachidonsäure im Säuglingsalter.

Bei Säuglingen z.B., welche vegetarisch oder mit Pflanzenmilch ernährt werden, besteht die Gefahr einer Mangelversorgung mit essentiellen Aminosäuren, Calcium, Eisen und fast allen Vitaminen (insbesondere bei der sog. Mandelmilch).
Präparate aus Sojabohnen decken zwar den Bedarf an essentiellen Nährstoffen weitgehend ab, aber es wird insgesamt davor gewarnt Kinder alternativ zu ernähren, da eine zweckmäßige Ernährung im Säuglings- und Kindesalter den Gesundheitszustand, die Widerstandskraft gegen Infektionen und die spätere Leistungsfähigkeit maßgeblich beeinflusst. Während der Kindheit , d. h. also einer Lebensphase mit einem hohen Bedarf an essentiellen Nährstoffen, können sich als Folgen einer Mangelernährung Defizite im Bereich des Längenwachstums und Körpergewichts sowie rachitische Veränderungen der Knochen bemerkbar machen. Grundsätzlich sollte deshalb bei Kindern auf eine ausreichende Zufuhr von Proteinen, Calcium, Eisen, Zink und entsprechenden Vitaminen geachtet werden.

Durch eine richtige Zusammenstellung der Kost sowie durch zusätzliche Verwendung geeigneter Nahrungsergänzungsmittel, speziell bei kritischen Nährstoffen, können Mangelerscheinungen vermieden werden.

Fazit
Aus ernährungswissenschaftlicher Sicht ist die ovo-lacto-vegetabile Kost als Dauerkost zu empfehlen und vor allem hinsichtlich der prophylaktischen Wirkung in Bezug auf heutige Zivilisationskrankheiten wie Übergewicht und Bluthochdruck zu befürworten.
Voraussetzung ist allerdings ein guter Kenntnisstand über den ernährungsphysiologischen Wert der Lebensmittel sowie eine sorgfältige Lebensmittelauswahl und -kombination und evtl. die Verwendung geeigneter Supplemente (z. B. Eisen), um mit einer ovo-lacto-vegetabilen Ernährungsweise den Bedarf an Grundnährstoffen, Vitaminen und Mineralstoffen zu decken. Die Berücksichtigung bestimmter Problemgruppen ist bei einer vegetarischen Ernährungsweise von besonderer Bedeutung.

Aber:
Ein Verzehr von nicht zu hohen Mengen an Fleisch und Fett und eine gleichzeitige Erhöhung des Obst- und Gemüseverzehrs sowie der Aufnahme an Vollkornprodukten (10 Regeln der

DGE), ergänzt durch eine gesunde Lebensweise (Sport, Verzicht bzw. Einschränkung von Alkohol- und Nicotinkonsum) führt im Vergleich zur vegetarischen Ernährungsweise zu besseren oder gleichen Voraussetzungen für die Erhaltung der Gesundheit und Leistungsfähigkeit sowie für das Erreichen eines hohen Lebensalters.

2. Außenseiter-Kostformen

2.1. Trennkost

2.1.1. Woher kommt die Trenn-Kost?

Die Trennkost als Ernährungsform wurde von dem am amerikanischen Arzt Dr. Howard Hay zu Beginn des 20. Jahrhunderts entwickelt. „Dr. Hay litt an einer als unheilbar geltenden Krankheit, der Brightschen Nierenerkrankung, für deren Verlauf eine Eiweißausscheidung charakteristisch ist" (Walb, Heintze, S.11)

Während seiner Krankheit war er auf die Schriften von Robert MacCarrison gestoßen, der, in Indien stationiert, die natürlichen Heilkräfte bei unzivilisierten Völkern im Himalaja beobachtet und bemerkt hatte, das die bei uns gängigen Zivilisationskrankheiten wie Blinddarmentzündung, Gicht, Asthma, Gallensteine etc. nicht vorkamen. Den Grund für die Vitalität und Gesundheit der Menschen, sah er in ihrer natürlichen Lebensweise und Ernährung.

So wurden dort ausschließlich naturbelassene Nahrungsmittel wie Gemüse, Früchte, Nüsse, Brot aus vollem Korn, Milch und Käse verzehrt. Zudem sorgte die tägliche Feldarbeit für ausreichende und regelmäßige Bewegung.

Dr. Hay konnte seine Erkrankung dadurch heilen, indem er seine Ernährung auf eine solche auf naturbelassene Nahrungsmittel beruhende umstellte und nur soviel zu sich nahm wie zur Lebenserhaltung notwendig war. Mit seiner Genesung und vollständigen Heilung war auch eine Widerherstellung seiner Arbeitskraft verbunden.

Die Ernährung wurde aufgrund dieser Erfahrung für Dr. Hay zur Basis seiner Therapiekonzepte. Dr. Hay sagt: "die einzig wahre Behandlung aller Krankheiten ist die Verhinderung ihrer Ursachen". Die Bestätigung dafür sah er nicht nur in seiner eigene Genesung, sondern auch in der erfolgreiche Behandlung seiner Patienten.

„Ein Organ benötigt zum optimalen funktionieren gesunde Zellen"(Walb, Heintze S.11), die wiederum nur durch eine gesunde Ernährung gebildet werden können. Hay vertritt die Ansicht, dass auf diese Weise Krankheiten nicht nur gelindert oder geheilt werden können, sondern diesen auch vorgebeugt werden kann. Jeder habe so seine Folgerung „das Schicksal seiner Jugend und seines Alters in seiner eigenen Hand"(Walb, Heintze S.11).

2.1.2. Ursachen für Krankheiten nach Dr. Hay

Als eine Ursache für Krankheiten, so beschreiben Dr. med. Thomas Heintze und Dr. med. Monika Heintze in ihrer Überarbeitung der Aufzeichnungen von Hay und Walb, wenn der Körper nicht mehr mit der übergroßen Menge an Säureendprodukten der Verdauung und den Giften fertig wird. Bedingt werden diese Körperrückstände nach Dr. Hays Einschätzung unter anderem durch den *zu großen Verbrauch an Eiweiß*. So bleiben nicht vollständig verbrannte Eiweißreste im Körper zurück und sammeln sich als Harnsalze an und wandeln sich in Harnsäuren wie Xanthin, Hypoxanthin, Kreatin (s. Walb, Heintze S.15) usw. um.

Eine weitere Ursache sieht er im zu großen Verbrauch von raffinierten und denaturierten Nahrungsmitteln wie Weißmehl, Zucker, raffinierte Stärke- und Zuckerformen aller Art.

Als dritte Ursache wird die *mangelnde Berücksichtigung der Gesetze der Chemie, die die Verdauung der Nahrung regeln* gesehen. Hierbei wird neben der Auswahl der Nahrung auch deren Zusammensetzung eine wichtige Aufgabe zugesprochen.

Bei der Zusammensetzung der Mahlzeiten soll, die Trennung von konzentrierten kohlenhydrathaltigen und eiweißhaltigen Nahrungsmitteln erfolgen, da diese, so die Theorie von Dr. Hay, bei gleichzeitigem Verzehr nicht auf die notwendigen alkalischen bzw. basischen Ausgangsbedingungen treffen, die zu einer vollständigen Verdauung notwendig sind, sondern sich gegenseitig behindern. So müssen zum binden der sich bildenden Säuren immer freie Basen in den Zellen und Geweben vorhanden sein um einer Übersäuerung entgegen zu wirken. Hay geht bei seiner Aufteilung der aufzunehmenden Nahrung in säurebildende und basenbildende Nahrungsmittel, von einem Verhältnis 2 zu 8 aus.

Neben der richtigen Ernährung gehören nach Hay auch ein Wechsel von Arbeit, Sport, Spiel und Ruhe, um das allgemeine Wohlbefinden sicher zu stellen. So wird darauf hingewiesen, das es beim Sport wichtig ist, Überanstrengungen zu vermeiden. Um jedoch seine Kräfte und Ausdauer zu erhöhen sei es notwendig, sich an den gegenwärtigen Fähigkeiten zu orientieren und nur mit halber oder dreiviertel Leistung aber länger zu trainieren.

2.1.3. Zuordnung der Nahrungsmittel in Gruppen

Die Hauptbestandteile unserer Nahrung sind Kohlenhydrate, Eiweiß, Fett, Vitamine und Mineralstoffe. Da diese jeweils in unterschiedlicher Zusammensetzung enthalten sind wurde die Trennung von Hay ihren Hauptbestandteilen entsprechend vorgenommen.

2.1.3.1.Die Eiweißgruppe

- Fleisch (Geflügel, Kalb, Rind, Schwein)
- Fische
- Eier, Milch, Magerkäse bis 55% Fett i.T.
- Sojamehl (entfettet)

Saures Obst lässt sich nur mit überwiegend eiweißhaltigen Lebensmitteln kombinieren:

- Beerenobst, Kernobst, Steinobst,
- Korinthen,
- Zitrusfrüchte, Kiwi,
- Ananas,
- Melonen

Nicht empfohlen:

- Rohes Eiweiß von Eiern,
- fette Wurst,
- Rhabarber,
- Eingemachtes,
- Gekochtes in großen Mengen

2.1.3.2.Die Kohlenhydratgruppe

Zu den Kohlehydraten Nahrungsmittel gehören:

- Vollkorngetreide, -mehl, -brot,
- Vollkornnudeln,
- Naturreis,
- Kartoffeln,
- Tobinambur,
- Schwarzwurzeln
- Trockenfrüchte: Feigen, Datteln, Äpfel, Aprikosen, Pflaumen, Rosinen
- Bienenhonig,
- Bananen

Nicht empfohlen:

- Weißmehl, -brot,
- Weißmehlnudeln, polierter Reis,
- Sago,
- Erdnüsse,
- weißer Zucker, Süßigkeiten,
- Marmeladen, Gelees,
- Eingemachtes

2.1.3.3.Nahrungsmittel, die sowohl zu Eiweiß- als auch Kohlenhydratgruppe kombiniert werden können (neutrale Lebensmittel)

Fette:

- Pflanzliche Öle und Fette,
- tierische Fette,
- fetter Speck,
- Butter, Rahm,
- Quark, gesäuerte Milchprodukte,
- Doppelrahmkäse über 60% Fett i.Tr.,
- Eigelb,
- reife Oliven

Gemüse:

- Blattsalate, Gurken, Karotten, Sellerie, Kohlrabi,
- rote Rüben, Teltower Rüben,
- Zwiebeln, Lauch,
- Blumenkohl, Wirsing, Rotkohl, Weißkraut, Sauerkraut, Rosenkohl
- Kürbis, Paprikaschoten, Fenchel, Chicorée
- Spargel, Pilze
- Bohnen, Erbsen (grün),
- Rettich, Radieschen,
- Tomaten, Spinat (roh und gekocht zu Eiweißmahlzeiten, zu Kohlenhydratmahlzeiten nur roh),

Andere Nahrungsmittel:

* Agar-Agar,
* Nüsse außer Erdnüsse,
* Heidelbeeren

Gewürze:

* Vollmeersalz, Kräuter-, Selleriesalz,
* Knoblauch,
* Paprika,
* Muskat,
* Curry, Basilikum,
* Wild- und Gartenkräuter

Nicht empfohlen:

* Getrocknete Hülsenfrüchte,
* käufliche Mayonnaisen, Suppen, Saucen,
* schwarzer Tee, Kaffee, Kakao,
* Ingwer, Meerrettich, Pfeffer, Senf,
* Eingemachtes,
* Essigessenz

2.1.4. Grundregeln zur Hayschen Trenn-Kost

Trennkost bedeutet im Gegensatz zu allen übrigen Ernährungsformen zu einer Mahlzeit entweder vorwiegend eiweißhaltige Lebensmittel oder vorwiegend kohlenhydrathaltige Lebensmittel zu verwenden, jeweils ergänzt durch einen großen Anteil von Salaten, Gemüse und Früchten, die jeweils neutral sind.

Neben der Zusammenstellung der Lebensmittel ist es wichtig diese auch richtig zu sich zu nehmen, d. h. statt in Hektik und Stress das Essen hastig herunterzuschlingen, sollten Mahlzeiten in einer ruhigen Atmosphäre, langsam gegessen und gut gekaut genossen werden. Zwischen den einzelnen Mahlzeiten sollten Pausen von etwa 3 - 4 Stunden eingehalten werden, damit der Verdauungskanal seine selbstreinigende Kraft entfalten kann.

Wenn möglich sollte man die Eiweißmahlzeit mittags und die Kohlenhydratmahlzeit abends einnehmen.

2.1.5. Kritische Auseinandersetzung mit der Hayschen Trenn-Kost

Die Haysche Trennkost wird von der Fachwelt z.B. dem AID positiv, wenn auch mit Einschränkungen, bewertet. Der AID weißt darauf hin, dass nahezu alle Naturprodukte Kohlenhydrate und Eiweiß mit unterschiedlich großen Anteilen enthalten. Auch bringt die getrennte Aufnahme von eiweiß- und kohlenhydrathaltigen Lebensmitteln lauf AID keine Vorteile.

Aus ernährungsphysiologischer Sicht wird diese Ernährungsform jedoch positiv beurteilt, da es sich um eine ballaststoffreiche, kalorien- und fettarme Mischkost mit viel frischen Obst und Gemüse und Obst handelt.

Die DGE steht ebenso wie der AID der Trennkost eher kritisch gegenüber bewertet es jedoch als positiv das es sich um eine energie- und fettarme Ernährung handelt. Im Hinblick auf die Nährstoffversorgung sieht die DGE jedoch Probleme, d.h. durch die Aufnahme von nur 20 bis 25% säurebildenden Nahrungsmitteln wie Getreideprodukten, Fleisch und Fisch wird eine Unterversorgung in der Zufuhr der essentiellen Nährstoffe wie B-Vitamine, Folsäure, Magnesium, Eisen und Selen gesehen. Darüber hinaus wird laut DGE zuwenig Käse empfohlen, der vor allem für die Calciumversorgung wichtig ist, sowie zu wenig Seefisch, der z.B. für die Zufuhr von Jod und Omega-3-Fettsäuren wichtig ist, sowie zu wenig Fleisch, ein wichtiger Lieferant für Eisen.

Persönlich finde ich die Trennkost durchaus positiv, da sie leicht umsetzbar ist und keine Begrenzungen auf bestimmte Mengen gibt.

Der Beurteilung der DGE stehe ich etwas kritischer gegenüber, da bei der Hayschen Trenn-Kost durchaus Seefisch und auch Fleisch zum Speiseplan gehören kann und soll. Es bleibt jedoch jedem selbst überlassen, wie oft diese Nahrungsmittel verzehrt werden. Von einem zu häufigen Verzehr von Fleisch wird auch bei der DGE abgeraten.

Vergleicht man die Regeln und Anforderungen an Nahrungsmittel und deren Herstellung mit denen von Hay, so kann man feststellen, dass es dort starke Parallelen gibt wie z.B.: wenig Fett oder fettreiche Lebensmittel, schmackhafte und nährstoffschonende Zubereitung, die Vermeidung von Zusatzstoffen und die Bevorzugung von regionalen Produkten aus ökologischem Landbau.

2.2. Ayurveda

2.2.1. Historische Entwicklung und philosophischer Hintergrund

Der Ayurveda ist eine Heil- und Gesundheitskunde, die sich in verschiedene Bereiche des Lebens erstreckt: z.B. Hygiene, Meditation, Ernährung, medizinische Therapien, Massagen, soziales Verhalten. Dabei handelt es sich um ein sehr komplexes Gefüge. Es wird davon ausgegangen, dass Körper, Seele, Geist, Verhalten und Umwelt eine Einheit bilden und ganz stark aufeinander reagieren.
Der Begriff Ayurveda stammt aus dem Sanskrit, der altindischen Sprache der Gelehrten, die heute noch verwendet wird. Es setzt sich aus zwei Wörtern zusammen:
AYU – das Leben in seiner Gesamtheit von Körper, Seele und Geist (auch Lebensspanne) und
VEDA – Wissen, Weisheit und Lernen
Meist wird Ayurveda als „Das Wissen von einem gesunden, glücklichen und erfüllten Leben" übersetzt (Warelopoulos, S. 21).

Der Ursprung des Ayurveda lässt sich mehr als 5000 Jahre bis in die alte vedische Hochkultur Indiens zurückverfolgen. Die Veden verstehen sich als Dichtungen, die nicht von Menschen geschaffen wurden, sondern die „stille Intelligenz der Natur" (Leitzmann, S. 48) darstellen. Jeder Mensch trägt dieses Wissen in sich und kann (wieder) einen bewussten Zugang dazu finden. Durch den Glauben an die Wiedergeburt spielt eine exakte Zeitmessung und die Erwähnung einzelner historischer Persönlichkeiten im Ayurveda keine große Rolle, dafür umso mehr der spirituelle Hintergrund und die persönliche Überlieferung.
Man hat allerdings herausgefunden, dass im 7. Jh. v. Chr. bis etwa 1000 n. Chr., der Blütezeit des Ayurveda, die beiden bedeutendsten Schriften entstanden: „Caraka Samhita" und „Sushruta Samhita". Sie bilden noch heute die Grundlage ayurvedischer Therapieverfahren.

Über Jahrtausende hinweg war der Ayurveda die einzige medizinische Tradition Indiens, und selbst heute noch werden 80% der indischen Bevölkerung mit ayurvedischen Methoden behandelt. Ayurveda wird deshalb auch als „die Mutter der Medizin" (Leitzmann, S. 48) bezeichnet.

2.2.2. Grundsätze und Ziele

Ziel der altindischen Heilkunde und Gesundheitslehre Ayurveda ist es, "die Gesundheit des Gesunden zu schützen und die Krankheit des Kranken zu besänftigen" (Caraka-Samhita, Su. 30.26); außerdem ein langes und gesundes Leben sowie die Befriedigung der elementaren Bedürfnisse nach geistiger Weiterentwicklung wie nach Erfolg im täglichen Leben. Dabei spielt die Ernährung eine große Rolle, und Fragen der Ernährung werden im Ayurveda auch außerordentlich differenziert betrachtet.
Sich gesund ernähren im Sinne des Ayurveda heißt, auf alle Bedürfnisse im Körper, in der Seele und im Geist eines Menschen durch die richtige Auswahl und Zubereitung von Lebensmitteln einzugehen. Großen Wert wird auf den Einsatz der **Sinne** und der **Intuition** gelegt, um auf Stärken und Schwächen des Organismus schnell und gefühlvoll reagiert werden kann.
Die Ernährungsregeln schreiben nichts grundsätzlich Gesundes vor, sondern beziehen sich immer auf die **Konstitution des Individuums**, wie folgendes Zitat belegt:
„ Wenn sich jemand seiner Konstitution und den äußeren Gegebenheiten gemäß ernährt, wird er in Harmonie bleiben. Wenn sich aber jemand ohne Rücksicht auf seine Konstitution und ohne Anpassung an beeinflussende Faktoren ernährt, dann hilft auch eine Arznei nicht, diesen Menschen auf Dauer wieder ins Gleichgewicht zu bringen" (Warelopoulos, S. 22).

→ **individueller Ansatz**: Die Ernährung muss immer auf die individuelle Situation des Menschen bezogen werden. Je nach individueller Konstitution, aktuellem Zustand der Energien, Tages- und Jahreszeit muss unterschiedliche Ernährung empfohlen werden, so dass eine körperlich-seelisch-geistige Ausgewogenheit hergestellt werden kann.

2.2.3. Konstitutionstypen (bestehend aus fünf Elementen) – die drei Doshas

Jeder Mensch wird nach seinem Konstitutionstyp (Prakriti) betrachtet, der angeboren ist. Er entspricht einem Bauplan, der die Eigenart und das Wesen des jeweiligen Menschen beschreibt. Grundlage der Konstitutionslehre bildet die Lehre von den **fünf Elementen**, die auch als Bausteine des Lebens oder Zustandsformen von Energie bezeichnet werden. Alles Existierende enthält diese fünf Elemente in unterschiedlichen Anteilen.
Das erste und feinste Element, ohne das nichts entstehen kann und dem alle anderen Elemente entstammen, ist der **Raum**. Er beginnt sich in der Bewegung zu verdichten und wird somit zu **Luft**. Durch die wiederholte Bewegung der Luft entsteht Reibung und in weiterer Verdichtung das nächste Element – **Feuer**. Es schmilzt, kühlt ab und verdichtet sich zu **Wasser**. Das wiederum gerinnt und wird in weiterer Verdichtung zu **Erde**, in der nun alle anderen Elemente vorhanden sind.
Diese Elemente sind einem permanenten Wandel unterworfen und die Zusammenstellung in unserem Körper variiert ständig. In der ayurvedischen Lehre werden sie auf drei Qualitäten projiziert, die sogenannten „**drei Doshas**". Diese drei Grundprinzipien werden **Vata, Pitta** und **Kapha** genannt und bezeichnen den Konstitutionstypen beim Menschen. Jedem Dosha sind jeweils zwei Elemente zugeordnet.

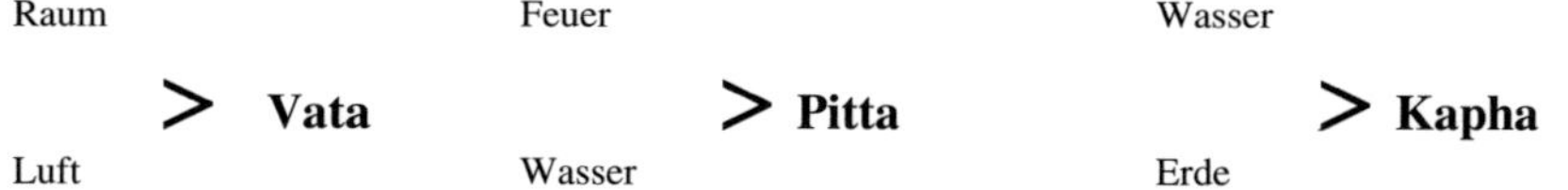

Das individuelle Verhältnis der Doshas in jedem Menschen ist angeboren. Die Doshas können zu gleichen Anteilen ausgebildet sein, aber es können auch ein oder mehrere Doshas dominieren und dadurch die Konstitution des einzelnen Menschen charakterisieren. Das Grundverhältnis der Doshas bleibt immer dasselbe.

Um die fünf Elemente und damit auch die drei Doshas in ihren Erscheinungsformen beschreiben zu können, benötigen wir Ausdrucksmöglichkeiten. Dafür sind 20 Eigenschaften, die **Gunas**, vorgesehen. Sie bestehen aus zehn Paaren, die jeweils Gegensätze bilden. Durch diese Eigenschaften lassen sich außer den fünf Elementen auch alle Substanzen beschreiben, die wir zu uns nehmen.

Diese 20 Gunas sind:

- schwer – leicht
- kalt – heiß
- ölig – trocken
- langsam – schnell
- fest – beweglich
- hart – weich
- schleimig – klar
- rau – glatt
- dicht – fein
- dickflüssig – wässrig

Es ist stets notwendig, die Wirkung einer Eigenschaft auf eine Substanz – oder auf den eigenen Zustand – einschätzen zu können und sich fragt, welchen Einfluss ein bestimmtes Guna auf mich hat.

2.2.4. Die sechs Geschmacksrichtungen

Durch unsere Zunge und unseren Geschmackssinn können wir – laut Ayurveda – sechs Geschmacksrichtungen unterscheiden: **süß, sauer, salzig, scharf, bitter und herb** (zusammenziehend). Eine ausgewogene Ernährung muss bei jeder Mahlzeit alle sechs **Rasas** (Geschmacksrichtungen) einschließen. Jede Geschmacksrichtung hat wiederum spezielle Auswirkung auf unseren Körper und beeinflusst unsere Doshas. Um unseren Körper in einen harmonischen Zustand zu versetzen und ihm seine Balance wiederzugeben, spielt nun die sorgfältige Auswahl der Lebensmittel eine große Rolle.

Vorgehen:
- Welches Dosha dominiert in meinem Körper?
- Wie fühle ich mich gerade (körperlich, geistig und seelisch)?
- Worauf möchte ich Einfluss nehmen?
- Welches Lebensmittel mit welchen Geschmacksrichtungen (Rasas) und Eigenschaften (Gunas) wähle ich aus?

2.2.5. Allgemeine Ratschläge zur Ernährung

- nur bei Hunger essen
- regelmäßige Mahlzeiten
- keine Zwischenmahlzeiten
- mittags die Hauptmahlzeit, abends nur leichte Kost
- essen in ruhiger Umgebung
- keine Ablenkung während des Essens
- nie in erregtem Zustand essen
- während des Kauens nicht sprechen
- mindestens 3-6 Stunden Pause zur letzten Mahlzeit lassen
- sich nie völlig satt essen

Empfehlungen der Lebensmittelauswahl:
- leicht verdauliche Speisen
- naturbelassene, frische Lebensmittel
- Quellwasser und Kräutertee
- Maßvolle Portionen
- Ausgewogenheit der sechs Geschmackrichtungen
- Regionale und saisonale Lebensmittel

Empfohlene Lebensmittel:
- Milch (möglichst gekocht)
- Reis
- Ghee (geklärte Butter)
- Sesam
- Obst und Obstsäfte
- Süße Speisen

Weniger empfohlene Lebensmittel:
- Fleisch, Geflügel und Fisch
- Eier
- Käse
- Konserven
- Tiefkühlkost
- Übermäßig saure oder salzige Speisen
- Schwere, fettige Kost
- Speisereste

(Leitzmann, S. 53)

2.2.6. Ernährungsphysiologische Bewertung

Wissenschaftliche Untersuchungen zur ayurvedischen Ernährungslehre sind bisher nicht bekannt. Aus ernährungsphysiologischer Sich ist die Betonung einer **vegetabilen, fettarmen und möglichst frischen Kost** positiv zu bewerten. In den Empfehlungen für die einzelnen Konstitutionstypen findet sich eine abwechslungsreiche Nahrungsmittelauswahl, was im Hinblick auf eine ausgewogene Ernährung ebenfalls von Vorteil ist. Lediglich der **geringe**

Rohkostanteil könnte sich ungünstig auf die Vitaminzufuhr auswirken, bei schonender Zubereitung sind jedoch keine Probleme zu erwarten. Die ayurvedische Ernährungslehre stellt keine Dogmen auf, sondern gibt Anregungen und Orientierungshilfen. Sie ist damit als Dauerkost geeignet.

Ein allgemeiner Nachteil besteht allerdings noch in dem immens **hohen zeitlichen Aufwand**.

Literatur:

Arens-Azevedo, Ulrike, u.a.: Ernährungslehre. Verlag Dr. Max Gehlen, Bad Homburg vor der Höhe 1998

Leitzmann, Claus / Keller, Marcus / Hahn, Andreas: Alternative Ernährungsformen. Hippokrates Verlag, Stuttgart 1999

Paschen, Ursula: Vegetarische Trennkost; Wilhelm Heyne Verlag, München 1995

Summ, Ursula: Mit Trennkost zum Wunschgewicht; Falken Verlag, Niederhausen/Ts.2000

Walb, Ludwig u. Ilse; Thomas u. Monika Heintze: Original Haysche Trenn-Kost (nach Dr.Hay u. Dr. Walb);Karl F. Hauf Verlag Heidelberg, 42.Aufl.,1991

Warelopoulos, Marlene / Heyn, Birgit / Dinhopl, Anda: Gesund genießen mit Ayurveda. Wilhelm Heyne Verlag, München 2001

Internet:

http://www.biokrebs-kongress.de/vortraege/vortraege_2.htm (3.1.03)

http://www.redaktion-ernaehrung.de/Charivari/ayurveda.htm (3.1.03)

http://www.surfmed.de/02-gesund_und_lustvoll_essen/02-03-01-09-vegetarisch.htm (19.12.02)

http://www.inform24.de/hay.html (5.1.03)